RAPPORT

FAIT

A LA SOCIÉTÉ D'AGRICULTURE DE MELUN

SUR LA DOUBLE QUESTION

1° DES

BAUX DE LONGUE DURÉE

2° ET DU

PROJET DE BAIL A FERME.

M. VIENOT,

Conseiller de préfecture, notaire honoraire.

MELUN

IMPRIMERIE DE DESRUES, BOULEVART SAINT-JEAN, 1.

1844.

RAPPORT

SUR LA DOUBLE QUESTION

1°

DES BAUX DE LONGUE DURÉE

2°

Et du Projet de Bail à Ferme.

M. VIÉNOT RAPPORTEUR

MESSIEURS,

A l'une de vos précédentes séances, j'ai eu l'honneur de soumettre à vos méditations deux propositions : la première avait pour but l'examen de la question des baux à ferme de longue durée; la seconde était la rédaction par cette société d'un projet de bail qui, en consacrant le principe vivace des longues jouissances, offrit des clauses et un ensemble de stipulations en harmonie avec l'état actuel de l'agriculture dans nos contrées.

Une commission a été nommée, et ses membres, après avoir médité longtemps sur ce double sujet, ont bien voulu se réunir sur ma convocation, me nommer leur rapporteur, et c'est à ce titre que j'ai l'honneur de vous apporter le résultat de leurs investigations et de leurs travaux.

1ʳᵉ QUESTION.

DES BAUX DE LONGUE DURÉE.

Cette question n'est pas nouvelle; débattue ou plutôt accueillie avec acclamation par la société d'Agriculture de Seine-et-Oise, en 1826, une notice rédigée, imprimée et publiée par les soins de M. le chevalier de Jouvencel, ancien député, propagea la doctrine des baux à long terme dans le riche et beau département qui nous avoisine.

En 1835, une loi émanée du concours unanime des trois pouvoirs a autorisé les administrateurs des hospices et autres établissements de bienfaisance à passer des baux de dix-huit ans pour les fermes soumises à leur gestion.

C'est avec l'appui de l'expérience et de ces autorités que nous venons soutenir ce principe et livrer nos réflexions à vos sages délibérations.

En effet, qu'est-ce qu'un bail à ferme? sinon une sorte de contrat, un acte de société dans lequel figurent:

D'une part, un propriétaire, bailleur d'un fonds immobilier, qui, ne voulant ou ne pouvant l'exploiter lui-même, désire en retirer en argent, à des termes fixes, avec le plus de sécurité possible, le plus grand revenu possible.

D'autre part, un agriculteur, réunissant à la possession d'un capital en écus, en bestiaux et attirail essentiellement périssables, une instruction pratique, une énergie qui puisse triompher des hommes et des éléments, enfin qui ait reçu les leçons de l'expérience, cette grande école à laquelle chacun de nous est forcé d'aller bon gré malgré (comme l'a si judi-

cieusement dit Franklin), et dont les enseignements coûtent
si cher.

Et remarquez bien tout d'abord la différence des chances
courues dans cette association par chacune des parties con-
tractantes.

Le bailleur du fonds de terre, le propriétaire, en un mot,
loin d'être exposé à des pertes, voit s'améliorer d'autant plus
son sol, que son co associé y dépense une somme plus consi-
dérable d'argent en engrais et travaux de toute nature.

L'agriculteur, au contraire, indépendamment de la perte
successive de son attirail, ce capital qui s'use chaque jour,
est exposé à mille chances défavorables, telles que l'intem-
périe des saisons, les épizooties, la dépréciation des céréales,
les sécheresses, les inondations, la guerre, désastres contre
lesquels il ne saurait exister de compagnie d'assurances.

Quel moyen y a-t-il donc, s'est demandé votre Commission, de mettre un équilibre entre ces deux positions, d'apporter une compensation aux dangers que court le preneur?
Elle n'en a trouvé qu'un seul, celui de donner à l'acte de
société, au bail à ferme, une durée telle que, pendant sa
jouissance, l'agriculteur pût connaître la terre qu'il est appelé
à cultiver, et retirer tous les fruits de ses impenses et améliorations.

En effet, Messieurs, un bail de courte durée, de neuf ans,
par exemple, comme en font les tuteurs des mineurs ou in-
terdits et les usufruitiers, comme quelques grands propriétaires, ennemis de tous progrès agricoles, se bornent à en
faire, un tel bail empêche le cultivateur d'améliorer la terre

confiée à ses soins, puisqu'il ne peut entreprendre ni marnage long et coûteux, dont l'effet n'est pas immédiat, ni prairies artificielles, ni plantes sarclées, qui augmentent le revenu présent et futur du sol, mais qui exigent une rotation, un alternat d'assolement, devenu impossible dans un intervalle même de douze années.

Au contraire, un bail de longue haleine offre la possibilité de se livrer à toutes ces améliorations.

Haud ingrata tellus, la terre n'est pas ingrate, disait, il y a dix-huit cents ans, Virgile, le modèle des agronomes et des vétérinaires! Bien plus, elle rend avec usure la dépense que l'on fait pour elle.

L'engrais, l'engrais, des labours, et toujours l'engrais, tel est le secret de toute culture.

Or donc, comment un cultivateur éclairé hasarderait-il ses capitaux pour les déposer sur un fonds qui ne lui appartient pas, s'il n'avait pas l'expectative de recueillir le fruit de ses dépenses?

Vous le savez tout comme votre commission, Messieurs, qu'est-ce qu'un bail de neuf années? En faisant des prairies artificielles (et sans elle point de bestiaux, point d'engrais), vous ne connaîtrez pas même la nature des terres qui y sont propres dans votre exploitation.

Vous n'aurez pas eu le temps, dans un aussi court délai, d'expérimenter telle ou telle pièce de l'héritage qui vous est donné à bail.

Des saignées, des fossés, des vidanges, des nivellements seront nécessaires, indispensables pour l'assainissement de partie des terres de votre exploitation : pourrez-vous non-seulement les exécuter, mais les concevoir, les entreprendre ?

Une route sera nécessaire, un monument de la commune exigera des réparations (comme c'est presque toujours, dans cette contrées, le fermier qui est chargé du paiement de tous les impôts et charges locales en sus de ses fermages) : ira-t-il de gaieté de cœur faire des dépenses qui seront en pure perte pour lui ? Il y a plus, des dépenses qui, améliorant la ferme qu'il devra bientôt quitter, seront un motif de concurrence, d'élévation dans le prix de sa location, et tourneront ainsi contre lui, en sorte qu'il aurait donné à son propriétaire, ou même à ses rivaux, des armes pour le combattre ?

Non, Messieurs, aucun cultivateur ne voudra de telles conditions, et dès-lors que deviendront les améliorations réclamées par la culture ?

Dans un bail de dix-huit ans, de vingt-et-un ans, au contraire, un fermier aura pu mettre successivement en prairies artificielles celles de ses terres qui en seront devenues susceptibles, et dès-lors obtenir des fourrages, des plantes sarclées, c'est-à-dire des aliments pour ses bestiaux, et par suite beaucoup d'engrais et peu ou point de jachères.

Et puisque nous avons prononcé le mot de plantes sarclées, honneur, cent fois honneur à celui de nos honorables collègues qui, le premier, a proposé à cette société la fondation d'un prix pour récompenser le cultivateur qui, en comparant l'étendue de son exploitation avec celles de la contrée, aura cultivé la plus grande superficie en plantes sarclées !

En effet, Messieurs, quel moyen plus sûr de nettoyer les terres, sans en ôter d'autres sucs que ceux spéciaux aux plantes qui les ont absorbés, de les préparer à recevoir des prairies artificielles, et d'en retirer une masse de produits qui répandent dans la ferme, dans la commune et sur les marchés voisins, l'abondance de légumes précieux! Voilà pour la recette. Mais la dépense, à qui profite-t-elle? où va-t-elle? sinon dans les mains des habitants des chaumières voisines de la ferme, qui, par ce moyen, voient s'améliorer leur existence par l'habitude du travail, apprennent à cultiver leurs champs, à les rendre plus productifs, et à voir disparaître le paupérisme, cette plaie si incurable de la société.

Donner pendant une grande partie de l'année du travail à l'homme, aux femmes, aux enfants qui n'ont d'autres propriétés que leur corps, d'autre industrie que leur force, d'autres instruments que leurs bras, c'est faire de la philanthropie bien entendue; car il est quelque chose qui vaut mieux que de soulager la misère, c'est de la prévenir, et d'honorer, par la récompense de son travail, l'homme qui rougirait de recevoir la charité d'un mendiant.

Le cultivateur d'une grande exploitation est le dispensateur de l'existence de vingt familles : si donc son propriétaire lui ôte, par une période de jouissance trop courte, l'occasion des améliorations qui utilisent leurs bras, ils deviennent inertes et sont paralysés par son fait; sa propriété perd le rang, l'influence qu'elle était appelée à donner à celui qui la représente.

Si, au contraire, le cultivateur a complète sécurité pour

l'avenir, il conçoit, il imagine, il entreprend, et se presse
d'accomplir des améliorations qui, plus tôt elles seront faites,
plus tôt elles lui profiteront, et le mettront à même d'en entreprendre et exécuter de nouvelles!

Mais, dira-t-on, un bail de dix-huit ans, de vingt-et-un
ans, c'est presque une aliénation de la part du propriétaire,
c'est le priver des chances de ventes en détail. A ce sujet,
Messieurs, loin de nous la pensée de vouloir donner des en-
traves à un propriétaire pour la vente de ses immeubles; le
modèle, l'hypothèse présentée ne s'applique qu'aux générali-
tés et non aux exceptions.

Mais, dira-t-on encore, c'est le priver des chances d'augmentation de son revenu; car, d'après ce qui se passe de-
puis trente ans, le signe monétaire, augmentant en nombre
chaque année, perd de sa valeur; ainsi, au bout de douze
ans, ce signe se déprécie par la force des choses, et le fermage que reçoit aujourd'hui un propriétaire, n'aura plus la
même valeur quand il le recevra dans douze ans!

La Commission, Messieurs, a fait la part de cette dépréciation; aussi a-t-elle pensé parer à cette objection en stipu-
lant une augmentation pour les fermages après douze ans.
Au surplus, le travail qui vous est présenté n'est qu'un ca-
nevas dans lequel bailleur et preneur pourront puiser des do-
cuments; c'est plutôt un essai qu'une règle qu'elle se permet
d'offrir à vos méditations, un moyen qu'elle propose aux
propriétaires fonciers, d'améliorer à la fois et la culture et
leurs immeubles, de servir l'intérêt général en servant les
intérêts partiels; et, à cet égard, elle n'a jamais eu qu'une

pensée, c'est de concilier les intérêts de tous, en laissant à chacun son libre arbitre ; elle n'a jamais voulu atteindre qu'un seul but, l'amélioration de l'agriculture : ce but, qui est l'objet de tous vos vœux et de la sollicitude de chacun de vous.

Le preneur devra prévenir le bailleur, trois ans avant l'expiration des douze premières années, de son intention de rester encore neuf années dans sa ferme.

De cette manière, tous les intérêts sont conciliés ; il y a mieux même, c'est que si le fermier connaît sa ferme, l'exploite déjà, le bail peut être fait de suite pour dix-huit ans, avec cette stipulation immédiate d'augmentation au bout de la première période de douze années.

Puis, venant aux considérations morales résultantes des deux sortes de baux, la Commission a pensé qu'entre un propriétaire et un cultivateur qui ne sont engagés ensemble que pour un court délai, chacun d'eux ne voyant dans son co-obligé qu'une personne qu'elle cessera de voir bientôt, des rapports, des égards ne sauraient s'établir avec fruit.

Dans une association de longue durée, au contraire, l'avenir, ce long avenir de relations obligées, que chacun se voit forcé d'entretenir, fait naître, entretient et cimente, pour ainsi dire, une union qui est d'autant plus sûre qu'elle est plus indissoluble.

Les générations du bailleur et du preneur se succèdent, une communauté bien entendue d'intérêts vient ajouter à ces relations, et plus tard, dans des circonstances graves, chacun étant à même de recevoir et de se prêter un mutuel et nécessaire appui ; plus tard, disons-nous, des améliorations importantes s'opèrent de la part du bailleur et du preneur. Et quel en est le résultat immanquable, sinon la plus-value du sol, le perfectionnement de la culture, et la considération des hommes qui en ont entrepris la noble et difficile mission ?

Après un certain délai, le nom de la ferme devient un nom distinctif pour le fermier et sa famille ; il devient pour ainsi dire un titre de noblesse, c'est-à-dire de fidélité et d'honneur à remplir ses engagements, titre qui honore autant le preneur et les siens que le bailleur et ses représentants, puisqu'ils ont su respecter une sorte de légitimité, en laissant les héritiers d'un agriculteur éclairé recueillir le fruit des sueurs de leur père.

Tels sont, Messieurs, les motifs qui ont fait approuver par votre commission le principe des baux de longue durée.

2e QUESTION.

PROJET DE BAIL A FERME.

Forme du bail.

La forme du bail à employer, a semblé à votre Commission devoir être celle notariée, par plusieurs motifs :

Le premier, c'est que le propriétaire, muni de sa grosse, peut l'exécuter sur-le-champ, et le fermier s'en procurer tant d'expéditions qu'il le voudra ;

Le second, c'est que, d'après la loi sur les élections qui a fait entrer presque tous les cultivateurs d'exploitations un peu considérables dans la grande famille électorale, la condition d'authenticité y est imposée.

Le troisième motif, et le plus important, c'est la nécessité d'établir une assiette plus juste, mieux répartie de l'impôt, non-seulement dans ce département, mais dans le reste de la France, dont le véritable revenu ne pourra être connu tant que, comme en Normandie et ailleurs, les baux notariés seront en excessive minorité.

Votre Commission a adopté le nombre de récoltes, au lieu du nombre d'années.

Entrée et sortie du fermier.

Vous le savez, rien n'est plus varié, plus incertain, plus sujet à difficultés, souvent résolues de manières contradictoires, que l'entrée et la sortie d'une ferme.

Il est des exploitations dont l'entrée a lieu par les jachères, c'est-à-dire à Pâques, fête essentiellement mobile, ou plutôt à la Quasimodo, ce qui ajourne quelquefois à la fin d'avril ou au commencement de mai l'entrée d'un fermier.

Dans d'autres fermes, c'est le 1ᵉʳ mars qu'un fermier entrant a le droit d'entrer en exploitation ; or, vous le savez, si le printemps est humide, si l'hiver se prolonge, il y a des pièces de terre dans lesquelles la charrue ne peut entrer ; on perd un temps précieux, et cette perte ajoute à la mise de fonds du fermier entrant.

Dans tous les cas, le fermier entrant est privé de fourrages, obligé de tout acheter pour nourrir ses bestiaux; il y a plus, le fermier qui prend à la jachère, à Pâques, est obligé d'acheter de l'avoine pendant dix-huit mois pour ses chevaux.

Frappée de tous ces abus, votre Commission a voulu voir désormais cesser toute espèce d'incertitude, et ne rien laisser à l'arbitraire entre le fermier entrant et le fermier sortant.

Elle a pensé que, dès le 11 novembre qui suit la mise en terre de son dernier blé, le fermier sortant n'ayant plus le droit de disposer des fumiers, le fermier entrant pouvait avec avec avantage entrer dans la ferme, pour occuper le 11 novembre les lieux que, dans l'usage actuel, il ne commence à habiter par lui et ses chevaux que le 1er mars ou le jour de Quasimodo.

Ainsi donc, d'après le projet, l'entrée en jouissance pour le preneur serait stipulée au 11 novembre pour les mars et jachères.

Votre Commission a pensé que toutes les conditions qui pouvaient faciliter l'entrée d'une exploitation, en diminuant la mise de fonds du preneur, devaient être accueillies et proposées par elle; ce sera un avantage pour le bailleur, qui, trouvant un plus grand nombre de concurrents, sera à même de tirer un meilleur parti de la location de son immeuble.

Votre Commission n'a fait que suivre et améliorer même ce qui a lieu dans l'arrondissement de Meaux, où l'entrée est fixée pour les jachères au 11 novembre. Elle a cru devoir stipuler que cette entrée aurait lieu pour les mars et jachères.

En effet, par cette innovation, dans laquelle elle espère que vous verrez une véritable amélioration, le fermier entrant pourra, par la gelée, conduire ses fumiers sur les jachères, donner une façon d'hiver à ses mars, faire des blés de mars, enfin préparer ses terres pendant quatre mois bien précieux pour une entrée en ferme.

L'époque pour la livraison des bergeries et du surplus des bâtiments d'exploitation, à l'exception de ceux nécessaires au fermier sortant, a été unanimement fixée au 1ᵉʳ mai.

L'obligation par le fermier sortant de laisser à son successeur un vingtième des terres en luzerne, n'a pas été oubliée. Il y a plus, votre Commission, pénétrée de ce principe qu'il ne peut y avoir de durables améliorations sans une longue jouissance, a dû songer au marnage : or, comme un marnage bien fait produit ses fruits pendant trente ou quarante ans, elle a pensé que le fermier devait marner, par chaque année de son bail, au moins le trentième des terres de son exploitation ; et, afin d'éviter toute discussion ultérieure, elle a dû stipuler que, chaque année, le preneur serait tenu d'en demander un reçu au bailleur.

Enfin une clause contenant la faculté réservée au bailleur de faire résilier le bail, à défaut de paiement d'une année entière, ou quatre termes consécutifs de fermage, a été également stipulée.

Au surplus, je vais avoir l'honneur de vous donner lecture, article par article, de ce projet de bail que la commission s'est étudiée à rendre aussi concis, aussi clair que possible.

PROJET

DE BAIL A FERME

PRÉSENTÉ

A LA SOCIÉTÉ D'AGRICULTURE DE MELUN

PAR LA

COMMISSION NOMMÉE DANS SON SEIN, POUR LES BAUX DE LONGUE DURÉE.

NOTA. La Société s'est proposé un double but :

1° De faire cesser toute discussion entre les fermiers entrant et sortant, relativement à des usages locaux, diversement interprétés ;

2° D'engager les propriétaires et cultivateurs à n'adopter désormais qu'une seule et même époque (le 11 novembre), pour commencer l'exploitation, par le fermier entrant, des taxes et jachères,

Mais, comme avant toute innovation, il sera parfois nécessaire de respecter les droits acquis, jusqu'à l'expiration des baux actuellement existants, le modèle présenté par la commission a dû être conforme à ces exigences pour l'entrée en jouissance, et ne contenir de stipulation que pour la sortie.

Pardevant Mᵉ

Fut présent :

M...... (*nom, prénoms, profession et domicile du bailleur*).

Lequel a donné à ferme pour douze récoltes consécutives

(sauf le droit de prorogation ci-après réservé), lesquelles commenceront par la récolte des mars de 1844, et celle des blés en 1845.

A M. et à madame......... (*nom*, *prénoms et domicile des preneurs*), solidaires entre eux.

OBJET AFFERMÉ.

Une ferme située à (*désignation complète des bâtiments et des pièces d'héritage, par tenants, aboutissants et aspects de soleil, à moins que cette désignation ne soit faite dans un plan ou dans un mesurage annexé au bail*).

S'il n'y a pas de mesurage, on dira : « Il sera fait, avant « l'entrée en jouissance ou au plus tard avant la première « récolte, un mesurage et plan figuré avec bornage, en pré-« sence du preneur qui devra en reconnaître l'exactitude ; « une expédition lui en sera remise. »

Le preneur devra rendre le tout comme il l'aura reçu, en mêmes nature et quantité, avec un nouveau mesurage à frais communs, contenant déclaration des nouveaux tenants et aboutissants, en présence du bailleur ou de son représentant, auquel une expédition en sera également remise avec l'ancien mesurage que le fermier aura reçu, afin d'en vérifier l'identité.

Les frais du premier mesurage seront à la charge exclusive du bailleur.

La jouissance pour la préparation de l'exploitation de ces

récoltes, commencera le 11 novembre 1843, pour récolter les premiers mars et ensemencer le premier blé en 1844, récolter le dernier blé en 1856, les mars de cette dernière année 1856 devant être récoltés par le fermier alors entrant, et la sortie définitive devra avoir lieu le 24 juin 1857.

Le bail sera fait avec ou sans garantie de la mesure indiquée.

CHARGES ET CONDITIONS.

Occupation des bâtiments de la ferme.

ARTICLE 1ᵉʳ — Les preneurs habiteront, avec leur famille et leurs domestiques, la maison d'habitation et les lieux qui en dépendent, les tiendront garnis de meubles meublants, ustensiles, attirail, bestiaux et équipages nécessaires à son exploitation.

Ils feront occuper par les chevaux, bestiaux et troupeaux, les lieux qui leur sont destinés.

Ils feront rentrer dans les bâtiments de la ferme tous les produits desdites récoltes.

Le tout pour garantie des fermages et de l'exécution des clauses du présent bail ;

Il sera fait, en entrant et contradictoirement, un état des lieux, plantations et fossés à frais communs : et à l'expiration de sa jouissance, les preneurs les rendront conformes à cet état.

Entrée en jouissance et sortie.

ART. 2. — Les preneurs entreront en possession des bâtiments de ladite ferme, conformément aux clauses du bail *actuellement existant*, ou d'après l'usage des lieux, de manière que le bailleur ne soit nullement inquiété à ce sujet.

Mais, à leur sortie, les preneurs comparants livreront au 11 novembre 1855 au fermier qui leur succédera :

Première livraison.

1° Une écurie pour loger les chevaux nécessaires à la levée des mars et des jachères ;

2° Un grenier à avoine ;

3° Un grenier à fourrage ;

4° Une chambre à feu pour loger le fermier entrant, lequel aura droit de faire cuire dans le fournil de la ferme ;

5° Et dix kilogrammes de menue paille de blé non fourragée, par jour et par chaque cheval, indépendamment de la litière nécessaire, le tout sans aucune indemnité.

Deuxième livraison.

Les preneurs soussignés livreront également, au 11 novembre 1855, au fermier qui leur succédera, les deux tiers des terres labourables de ladite ferme, savoir : un dixième en luzerne de deux à trois ans, et les neuf autres dixièmes, moitié en chaume de blé, et moitié en chaume d'avoine;

Toutefois, les preneurs récolteront la première coupe de ladite luzerne, dans leur dernière année de récolte, et devront l'avoir enlevée avant le 24 juin 1856;

Les autres coupes appartiendront au fermier entrant, sans aucune indemnité;

A partir dudit jour, 11 novembre 1855, le fermier entrant aura droit :

De fumer le tiers des prés dont il fera la récolte l'année suivante; mais les preneurs soussignés, en sortant, conserveront le pâturage jusqu'au 1er mars qui suivra la dernière récolte des prés.

Entrée et sortie des troupeaux et bestiaux.

ART. 3. — Les preneurs soussignés seront tenus de livrer, au 1er mai 1856, toutes les bergeries et bâtiments d'habitation et d'exploitation, à l'exception : 1o des granges à blé; 2o des greniers à blé. Ils reprendront du fermier entrant les bâtiments qui auront fait l'objet de la première livraison, et en recevront les pailles et litières stipulées à l'art. 5 de cette même première livraison.

Entretien des bâtiments.

ART. 4. — Les preneurs entretiendront les bâtiments

d'exploitation et d'habitation en bon état de réparations locatives ;

Ils souffriront toutes les grosses réparations qui seront nécessaires, et sont à la charge du bailleur, quelle qu'en soit la durée, par dérogation à l'art. 1724 du Code civil ;

Ils feront faire à leurs frais tous les charrois de matériaux nécessaires aux réparations, hors toutefois le cas d'incendie ; ces charrois ne pourront être exigés pendant les temps de semailles et de moisson, et seulement dans un rayon qui ne pourra excéder un myriamètre.

Culture des jardins et arbres fruitiers.

ART. 5. — Les preneurs entretiendront en bon état les jardins, clos et vergers, conserveront les arbres fruitiers qui y existent, ainsi que ceux plantés sur les dépendances de la ferme présentement louée, et jouiront de tous les fruits et élagages des arbres étant sur les terres dont ils auront récolté les grains, comme accessoires de cette récolte.

L'entrée en jouissance des jardins aura lieu, pour le fermier entrant, le 11 novembre 1855, à la réserve des légumes d'hiver, au profit des fermiers soussignés jusqu'au 1er mars suivant, sans que ces légumes puissent occuper plus de la moitié des jardins.

En cas de mort d'arbres fruitiers, les corps appartiendront au fermier exploitant la terre sur laquelle ils seront plantés, à la charge de les remplacer par d'autres de même nature et essence qu'il devra entretenir et cultiver.

Culture de terres labourables et prés.

Art. 6. — Les preneurs cultiveront lesdites terres comme bon leur semblera, et en bon père de famille, sans pouvoir les détériorer.

Toutefois, pendant les deux dernières récoltes, ils devront les cultiver suivant l'assolement triennal, sauf la portion en prairies artificielles dont il a été ci-dessus parlé.

Ils entretiendront les prés comme ils doivent l'être, sans pouvoir les retourner ni dénaturer.

Emploi et consommation des pailles.

Art. 7. — Les preneurs soussignés disposeront, comme bon leur semblera, des pailles de ladite ferme.

Mais, lors des deux dernières récoltes, les pailles de blé ne pourront être coupées en moyenne à plus de 16 centimètres du sol, et celles d'avoine à plus de 11 centimètres.

Elles devront être rentrées à l'époque de la moisson dans les bâtiments de la ferme, et, en cas d'insuffisance, placées en meules sur les terres qui en dépendent.

Les preneurs soussignés devront réserver pour la ferme les pailles de ces deux dernières récoltes ; mais ils pourront les faire fourrager ou convertir en fumier par leurs bestiaux.

Toutes les pailles de blé provenant de la dernière récolte, appartiendront exclusivement au fermier entrant, sauf les dix kilogrammes de menue paille, ou à défaut de menue, de paille non fourragée, que ce dernier devra livrer par jour et par cheval au fermier sortant, ainsi que cela est ci-dessus stipulé.

Les preneurs soussignés devront, lors de leur sortie, tenir à la disposition du fermier qui leur succèdera, engranger ou mettre en meules couvertes, toutes les pailles non employées, moyennant une indemnité pour les pailles et meule en bon état, de 3 fr. par cent bottes du poids de 7 à 8 kilogrammes chacune ; laquelle indemnité leur sera immédiatement payée par le fermier entrant.

Néanmoins, ce dernier pourra se dispenser de ce paiement, en se chargeant personnellement de ce soin, sans pouvoir causer d'encombrement.

Les preneurs, en sortant, auront droit aux menues pailles qu'il est dans l'usage d'ensacher.

Pailles provenant des lots de terre étrangers à la ferme.

Si les preneurs rentrent dans les bâtiments de la ferme, ou mettent en meules sur des terres qui en dépendent, des pailles étrangères, elles suivront le sort de celles provenant de ladite ferme, sans aucune indemnité envers qui que ce soit.

Élagage des arbres.

Art. 8. — Les preneurs élagueront, de trois en trois ans, les arbres qui ont coutume de l'être jusqu'aux deux tiers de leur hauteur, sans les étêter ni faire de plaies.

Ceux de ces arbres qui viendraient à mourir, appartiendront au bailleur, qui devra les remplacer à ses frais par d'autres de même essence, qui seront labourés et entretenus par les preneurs pendant le temps convenable, qui ne pourra être moindre de trois ans.

Échenillage.

Les preneurs devront se conformer aux lois et ordonnances relatives à l'échenillage des arbres, à la décharge du bailleur.

Marnage.

Les preneurs seront tenus de marner ou crayonner chaque année la quantité de...... hectares des terres dépendantes de ladite ferme, en commençant par celles qui en ont le plus besoin, et d'en retirer chaque année un certificat du bailleur ou de son préposé. Ce marnage devra avoir lieu dans les temps et proportions convenables.

Fermage.

Le présent bail est fait en outre moyennant un fermage annuel de........ que les preneurs s'obligent solidairement entre eux à payer au bailleur, en sa demeure, à.......... ou pour lui au porteur de la grosse des présentes, en quatre termes et paiements égaux, les 1er janvier, avril, juillet et octobre qui suivront chaque récolte de blé, en sorte que le premier trimestre échoira et sera payé le 1er janvier 1846, le second trimestre le 1er avril suivant, pour ainsi continuer

jusqu'à la dernière année desdits fermages, laquelle sera
payée par moitié en deux termes, les 1er janvier et 1er mai
qui suivront la dernière récolte de blé.

Résiliation à défaut de paiement de fermage.

A défaut de paiement de quatre termes consécutifs desdits
fermages, le présent bail sera résilié de plein droit si bon
semble au bailleur, par le seul fait du non-paiement desdits
fermages échus dans le mois qui suivra le commandement de
payer demeuré infructueux.

Cette résiliation sera immédiate, le preneur renonçant
d'avance à invoquer toute fin de non-recevoir pour se sous-
traire à ladite résiliation, et reconnaissant que c'est sous la
foi de l'exécution ponctuelle de la présente clause que le
présent bail a été consenti.

Ce cas de résiliation arrivant, les biens affermés seront
repris par le bailleur dans l'état où ils se trouveront, à la
charge par lui de rembourser au preneur la valeur des façons
et ensemencements qui pourraient exister, et qui seront cons-
tatés et appréciés par des experts nommés par les parties, et,
en cas de refus, par le juge de paix du canton où est situé le
corps de ferme; sans préjudice néanmoins de tous autres
dommages et intérêts qui pourront être respectivement pré-
tendus par elles, et qui seront estimées et appréciées de la
même manière.

Impôts.

Les preneurs supporteront en outre dudit fermage, et sans

aucune espèce de déduction, à partir du 1er janvier 1845, toutes les contributions de toute nature, foncières, taxes locales, départementales, ordinaires et extraordinaires, qui pourraient être imposées sur ladite ferme pendant la durée du présent bail, à raison desdites douze récoltes sans aucune exception.

Assurance.

Les preneurs paieront, en déduction dudit fermage, et à partir dudit jour 1er janvier 1845, toutes les primes d'assurances qui seront dues, à cause de l'assurance que le bailleur déclare avoir faite desdits bâtiments contre l'incendie (*citer la compagnie*).

Lesdits preneurs s'engagent, sous ladite solidarité, à se faire assurer, pendant toute la durée dudit bail, contre les risques locatifs, et à assurer également : 1° leur mobilier, leur attirail et leurs récoltes contre l'incendie ; 2° et leurs récoltes contre la grêle. Ils déclarent consentir à ce que le bailleur exerce son privilège pour raison de ses fermages sur les primes qui pourront leur revenir par suite de sinistre desdits objets par eux assurés.

Cas fortuits.

Les preneurs supporteront tous les cas fortuits prévus et non prévus par la loi.

Prorogation de bail.

Les preneurs se réservent la faculté exclusive de continuer à jouir de ladite ferme pour neuf récoltes, à partir de l'expiration du présent bail, aux mêmes charges et conditions ci-dessus, mais avec une augmentation de............. du fermage ci-dessus fixé pour les douze premières récoltes ; ce nouveau fermage sera payable aux mêmes époques que celles ci-dessus stipulées.

Les preneurs seront tenus d'avertir de leur intention le bailleur trois ans avant l'expiration dudit bail, c'est-à-dire avant le 11 novembre 1852.

Cession de bail.

Les preneurs ne pourront céder ni transporter en tout ou en partie leur droit au présent bail, ni faire aucun échange de culture avec des cultivateurs voisins ou autres, sans le consentement exprès et par écrit du bailleur, à peine, si bon semble à ce dernier, de demander immédiatement la résiliation dudit bail et de tous dommages et intérêts.

En cas de décès du preneur, sa veuve aura le droit de faire résilier le présent bail pour tout le temps qui excèdera quatre récoltes à partir dudit décès.

Et, dans ce cas, elle sera tenue de faire connaître cette intention au bailleur dans l'année qui suivra le décès de son mari.

Jugement de difficultés par arbitres

En cas de décès des deux preneurs, leurs héritiers pourront céder leur droit audit bail, en déposant entre les mains du bailleur une année de fermage à titre de garantie.

Ils ne seront déchargés de la garantie du reste desdits fermages, qu'à partir du jour où le fermier successeur aura rétabli dans ladite ferme tout l'attirail et accessoires nécessaires à son exploitation, le tout reconnu par le bailleur ou son préposé.

Cette année de fermage ainsi déposée au bailleur, restera entre ses mains, comme paiement par anticipation imputable seulement sur la dernière année dudit bail.

Jugement.

En cas de contestation sur l'une ou l'autre des clauses du présent bail, elles seront jugées en dernier ressort par des arbitres choisis par les parties, comme amiables compositeurs, et sans recours en cassation.

En cas de dissentiment, ils devront s'entendre pour la nomination d'un tiers ;

Et en cas de refus ou de désaccord, les trois arbitres seront choisis par M. le juge de paix du canton de la situation des bâtiments d'habitation de ladite ferme.

Élection de domicile.

Et pour l'exécution des présentes, les parties élisent domicile, savoir :

Le preneur dans la ferme louée, et le bailleur (*choisir soit l'étude du notaire, soit celle de son conseil, dans l'arrondissement de la ferme*); auxquels lieux ils consentent la validité de toutes significations, offres réelles et actes extra-judiciaires.

Fait et passé à